非常规水资源的"非常力"

刘来胜 劳天颖 宁珍 等 著

中国水利水电出版社
www.waterpub.com.cn
·北京·

U0238246

前　言

　　水，是生命之源、生产之要、生态之基。在浩瀚的自然界中，水以其多样的形态与无尽的力量滋养着万物，推动着地球生态的循环与繁荣。然而，随着经济社会的快速发展，传统水资源（降雪、降雨、河流径流及浅层地下水等）正面临气候变化和人类活动的共同影响，水资源短缺已成为制约可持续发展的重大瓶颈。

　　面对这一严峻挑战，非常规水资源的开发利用逐渐进入公众视野，并展现出其独特的"非常之力"。基于此背景，《非常规水资源的"非常力"》一书应运而生，旨在通过绘本的形式深入浅出地表达，向广大读者普及非常规水资源（那些不同于传统地表水和地下水的宝贵资源）的概念、种类、开发利用现状和广阔应用前景。从再生水的涅槃重生到雨水的高效收集，从微咸水的农业灌溉到矿井水的开采利用，再到海水的淡化处理，本书全面展示了非常规水资源的独特魅力与巨大潜力。

　　本书希望鼓励读者跳出传统思维框架，从更加开放与创新的视角审视和利用水资源。本书将展示在常规水资源日益紧张的当下，这些"非常"之水如何在科技赋能下逐步成为应对水资源危机的重要力量。同时，也提醒我们，水资源的保护与可持续利用是全人类共同的责任和使命。

　　我们希望通过本书，激发社会各界对非常规水资源的关注与重视，推动非常规水资源开发利用技术的不断创新与应用，为实现水资源的可持续利用贡献力量。让我们携手并进，在探索非常规水资源的道路上不断前行，共同守护这个蓝色星球上的每一滴珍贵之水！

　　本书由刘来胜统筹策划，参与本书撰写工作的还包括刘巧梅、劳天颖、高继军、宁珍、王启文、卞戈亚、王典、魏少冲、王珏、李圣杰、史宏程、王四维。本书由王重杰负责插画绘制。在此对他们付出的辛勤劳动一并表示感谢。

　　本书编写过程中，得到了联合国开发计划署、商务部中国国际经济技术交流中心、呼和浩特春华再生水发展有限责任公司、鄂尔多斯市康巴什农牧和水利事业发展中心等单位的大力支持，在此一并表示感谢！

　　由于编者水平和本书篇幅所限，加之时间仓促，书中难免存在不足和疏漏之处，敬请广大读者批评指正！

著　者
2025年1月5日

目录

前言

**开篇
非常规水,何谓何为?**

- 07 常规水资源分类
- 08 常规水资源现状
- 10 非常规水资源分类
- 12 非常规水资源现状

**(一)再生水——
源自污水,涅槃重生**

- 15 再生水是什么?
- 16 怎么得到再生水?
- 18 如何利用再生水?

**(二)雨水——
天降甘霖,润物无声**

- 21 雨水的分布
- 22 海绵城市
- 24 家庭单位的雨水利用
- 26 蓄水工程的雨水蓄藏

（三）微咸水——
农田解渴，亦咸亦甜

29 微咸水是什么？

30 微咸水淡化技术

32 如何利用微咸水？

（四）矿井水——
生态补水，深藏功名

35 矿井水是什么？

36 分类与处理方法

38 如何利用矿井水？

（五）海水——
淡化咸苦，盐重浓情

41 为什么要淡化海水？

42 海水的直接利用

44 海水淡化技术

46 淡化海水利用场景

后记
久久为功，非常之力

49 开源

50 节流

河流

承压水

常规水资源分类

　　我们平时所说的常规水资源，指的是陆地上可以直接使用的淡水资源，主要包括河流、淡水湖泊和浅层地下水。按照分布位置，可以分为地表水（比如江河、湖泊、冰川）和地下水（比如潜水、深层地下水）。虽然这些水资源是人类用水的主要来源，但它们只占地球上淡水总量的0.3%，非常有限。

冰川

淡水湖泊

地表水

潜水

地下水

常规水资源现状

　　我国是全球13个最缺水的国家之一，人均淡水资源量只有2400立方米，仅为世界平均水平的1/4，排在全球第121位。根据2023年《中国水资源公报》，我国地表水资源量为24633.5亿立方米，地下水资源量为7807.1亿立方米。从分布来看，我国水资源非常不均衡，东部比西部多，南方比北方多。

中国
25%

世界人均水资源占有量

我国人均

生活用水

工业用水

农业用水

洒水车

从1997年以来，全国用水总量总体在缓慢上升，但2013年后趋于平稳。其中，生活用水量一直在增加；工业用水量从增长逐渐趋于稳定，近几年还有所下降；农业用水量则受降水和灌溉面积的影响，波动较大。

非常规水资源分类

  非常规水资源是相对于常规水资源而言的，包括经过处理可以利用或在一定条件下可直接利用的再生水、集蓄雨水、海水及海水淡化水、矿坑（井）水和微咸水等。

非常规水资源现状

    2023年《中国水资源公报》数据显示，全国用水总量为5906.5亿立方米，其中非常规水资源供水量为212.3亿立方米，占供水总量的3.6%。近20年来，非常规水资源的利用量逐年增加，并呈现快速增长的趋势。

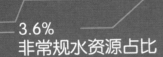

3.6%
非常规水资源占比

非常规水资源利用量

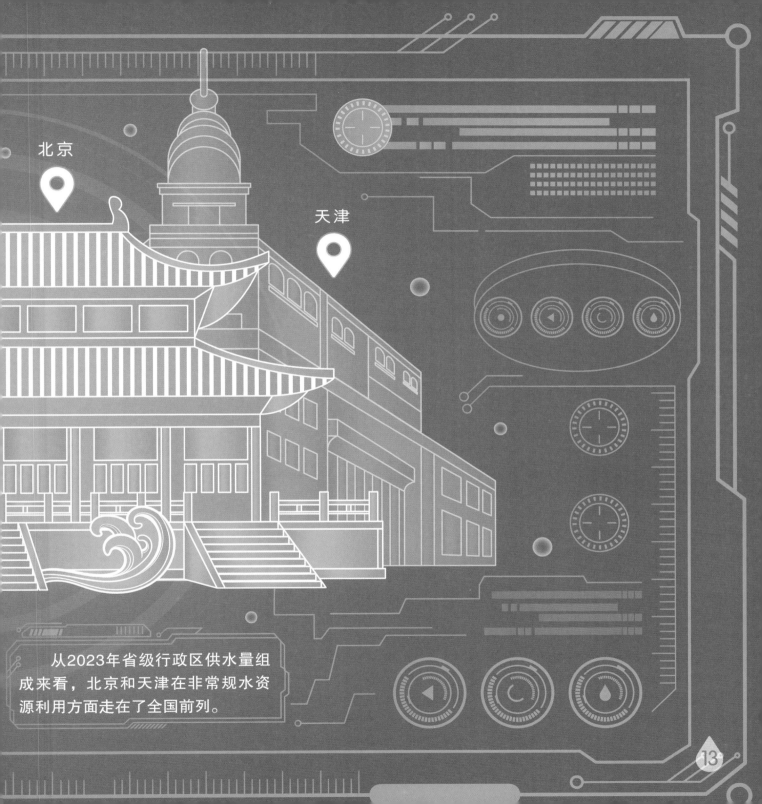

北京

天津

从2023年省级行政区供水量组成来看，北京和天津在非常规水资源利用方面走在了全国前列。

（一）再生水——源自污水，涅槃重生

工业用水

14

生活杂用水

工艺处理

再生水是什么?

　　再生水是指污水经过适当再生工艺处理后,达到一定水质标准,满足某种使用功能要求,可以进行有益使用的水。在日常生活中,"再生水"有时也被称为"中水",但两者实际上有所不同。"再生水"是我国城市污水再生利用标准中规定的规范术语,使用场景广泛;而"中水"是沿用日本叫法的一个俗称,指水质介于"上水"(饮用水)和"下水"(废水)之间的杂用水,通常仅限于建筑给排水系统使用。相较而言,"再生水"涵盖范围更广,且技术规范明确。

栅格过滤

初级沉淀池

曝气沉砂池
氧气

生物处理池

亚铁盐

氧气

微生物

磷

有机物

污泥回收

怎么得到再生水?

再生水通常是依据用户需求，将污水经过适当处理后，达到相应水质标准要求，再次被有益利用。通常包括三级处理：

一级处理（机械处理）：通过物理方法（包括栅格、曝气沉砂池、初级沉淀池等设施），实现固液分离，主要去除污水中的粗大颗粒和悬浮物。

二级处理（生物处理）：利用生物处理工艺（包括活性污泥法、生物膜法等），分解污水中的胶体和可生物降解的溶解性有机物。

三级处理（深度处理工段）：将经过二级处理的水进行脱氮、脱磷处理，用活性炭吸附法或反渗透法等去除水中的剩余污染物,并用臭氧或氯消毒杀灭细菌和病毒，确保水质安全。

高级处理（特殊处理）：为满足用户特定要求，在三级处理的基础上，强化无机离子、微量有毒有害污染物和一般溶解性有机物的去除净化，进一步提升水质。

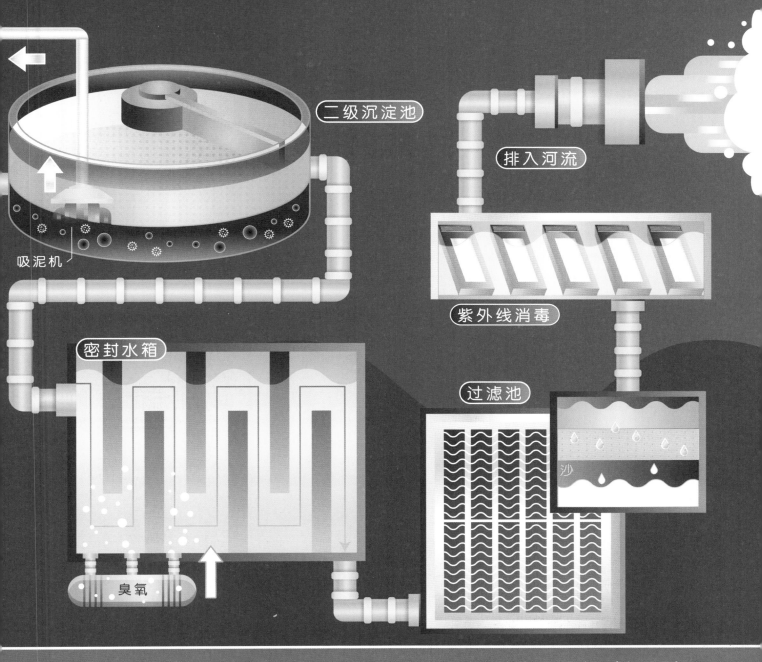

二级沉淀池

排入河流

吸泥机

紫外线消毒

密封水箱

过滤池

沙

臭氧

根据《水回用导则 再生水分级》（GB/T 41018-2021），针对不同用途，我们采用相应的处理工艺，将其出水分为三个级别：A级用于工业（锅炉/电子企业/火力发电厂）、地下水回灌。B级用于城市绿地灌溉、工业利用（冷却用水）、景观环境利用、城市杂用。C级用于农田灌溉。

如何利用再生水?

再生水的用途可分为以下五个方面。

工业回用

冷却用水、洗涤用水、锅炉用水、工艺用水、产品用水。

农、林、牧、渔的应用

农田灌溉、造林育苗、畜牧养殖、水产养殖。

地下水补给

地表散布、渗流区注水。

城市杂用

城市绿化、冲厕所、街道清扫、车辆冲洗、建筑施工、消防。

景观娱乐利用

观赏性景观环境用水、娱乐性景观环境用水、湿地环境用水。

（二）雨水——天降甘霖，润物无声

降水分布不均使得城市成为缺水干渴与暴雨内涝并存的矛盾体。据统计，全国有近400个城市存在缺水问题，其中110个城市严重缺水。住房和城乡建设部对351个城市的调研显示，2008年至2010年期间，有62%的城市曾发生过内涝。推进城市雨水资源化利用，不仅可以缓解城市缺水问题，还能从源头上有效减轻城市内涝。

雨水的分布

　　我国气候受季风影响特征，降水在时间和空间分布上极不均衡。从空间分布来看，年降水量显著呈现"南多北少、东多西少"的特点。西北大部分地区年降水量不足400毫米，而南部和东部地区年降水量普遍超过800毫米。从时间分布来看，降水集中在夏季（6—9月），尤其是7—8月，暴雨频发，容易引发洪涝。

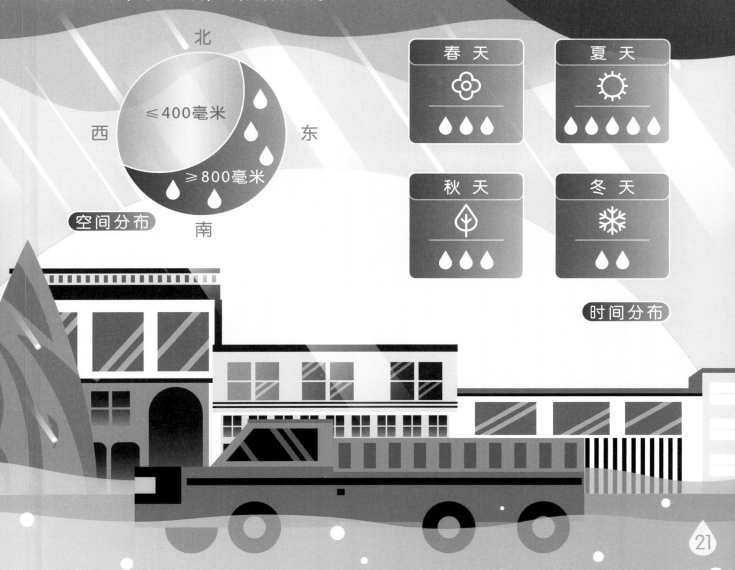

海绵城市

　　"海绵城市"是一种让城市像海绵一样"吸水"和"放水"的新型城市建设理念。简单来说，就是在建设和改造城市时，通过一些巧妙的设计，让城市在下雨时能够过滤、吸收和储存雨水，等到需要用水时再把这些储存的雨水释放出来加以利用。海绵城市强调"渗、滞、蓄、净、用、排"六项综合措施。

滞——景观调蓄

通过一些设施（比如雨水花园、湿地）暂时留住雨水。

蓄——绿色屋顶

把雨水储存起来，比如修建蓄水池或地下水库。

雨水积蓄

雨水景观利用

洒水车

用 —— 雨水清洁利用

用于浇灌、冲厕所、洗车等，减少对自来水的依赖。

排 —— 管道系统

在雨量过大时，安全地排出多余雨水，避免内涝。

净 —— 下凹绿地

通过自然或人工方式净化雨水，让它变得干净可用。

渗 —— 透水铺装

让雨水更多地渗入地下，而不是直接流走。

雨水积蓄

地下水

绿色屋顶

庭院集水

饮用水

生活用水

集水池

处理池

24

家庭单位的雨水利用

　　我们可以通过一些简单的方法来收集和利用雨水。比如，在院子里挖个水窖或建个水池，把屋顶和院子里的雨水存起来。这些收集到的雨水可以用来浇花、洗衣服、冲厕所等日常杂用，甚至在一些干旱地区，雨水经过适当处理后还可以饮用。

庭院绿化

蓄水池

蓄水工程的雨水蓄藏

　　根据《第一次全国水利普查公报》数据显示，我国共有456.51万处塘坝和689.31万处窖池，总需水量达到2.52亿立方米。这些分散的雨水收集设施，可以作为农田灌溉的重要补充，尤其是在水资源紧张的地区。

塘、荡

　　在平地上挖水池，或者在山谷和高地水流汇集的地方筑堤蓄水。

　　如今，南方丘陵山区和大石山区修建了大量的雨水池和水柜，能够帮助农民更好地应对干旱问题。

在南方丘陵山区，虽然雨水很多，但因为地形原因，雨水容易流失，导致季节性干旱，这对农业生产是个大问题。为了解决这个问题，古代劳动人民想出了很多聪明的办法。

堰、坝、陂、堨

在溪流上筑坝拦水，用于灌溉。

（三）微咸水——农田解渴，亦咸亦甜

含盐量
2.0~5.0克每升

坑塘、洼淀积水

地下微咸水

微咸水是什么?

　　微咸水是指含盐量在2.0~5.0克每升之间的水。我国地下的微咸水资源丰富,每年大约有200亿立方米,其中可以开采利用的有144亿立方米,占全国地下水资源量(2023年《中国水资源公报》数据)的1.84%。这些微咸水主要分布在容易发生干旱的华北、西北地区以及沿海地带。比如,华北平原的微咸水资源有75亿立方米,西北地区则有88.6亿立方米。虽然这些水不能直接用于生活,但通过适当处理,可以用来灌溉农田或满足工业用水需求,帮助缓解这些地区的缺水问题。

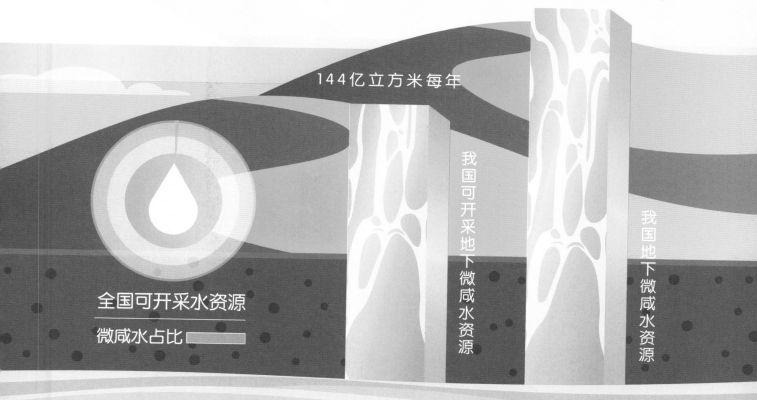

≈200亿立方米每年

144亿立方米每年

全国可开采水资源

微咸水占比

我国可开采地下微咸水资源

我国地下微咸水资源

微咸水淡化技术

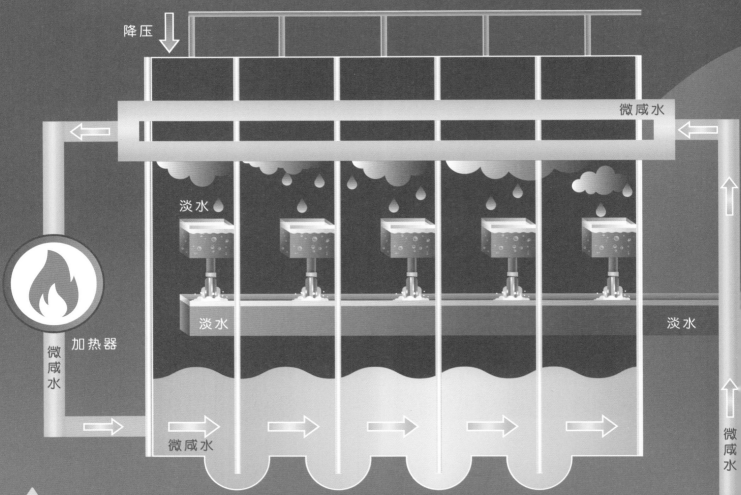

蒸馏法

通过加热海水使其蒸发，
然后冷凝收集蒸汽得到淡水。

降压

微咸水

淡水

淡水

淡水

加热器

微咸水

微咸水

微咸水

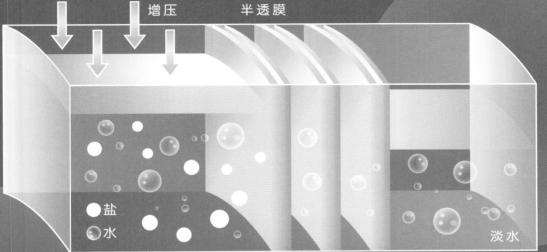

增压　　半透膜

反渗透法

反渗透法利用半透膜的特性，通过施加外部压力使水分子通过半透膜，而盐分被截留，从而达到淡化水的目的。

盐
水
淡水

电渗析法

利用电场作用下的离子交换膜分离盐水中的阴阳离子，从而达到淡化水的目的。

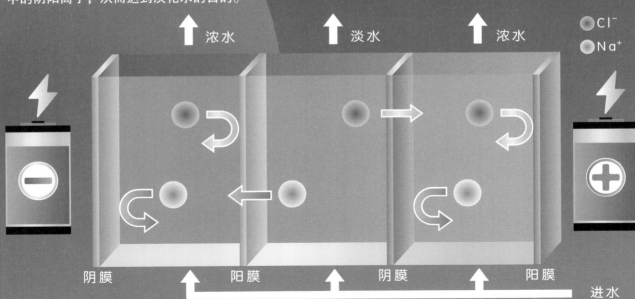

浓水　　淡水　　浓水

○Cl⁻
○Na⁺

阴膜　　　阳膜　　　阴膜　　　阳膜

进水

如何利用微咸水？

　　作为农业大国，我国农业灌溉用水量占了全国总供水量的62%。
随着淡水资源的紧张，微咸水因为资源丰富、分布广泛，逐渐成为解
决灌溉用水不足的重要选择。微咸水的灌溉方式主要有以下三种。

微咸水

（直接灌溉）
　　把微咸水直接用来浇地，适合种
植耐盐作物或土壤条件较好的地区。

咸淡水混灌

将微咸水和淡水按比例混合，降低盐分浓度后再使用，适合种植对盐分敏感的作物或轻度盐碱地。

淡水

微咸水

咸淡水轮灌

交替使用微咸水和淡水灌溉，既能充分利用微咸水，又能避免土壤中盐分积累过多。

雨水

地表径流

地下水

隔水层

地下水

隔水层

矿井工作面

34

矿井水是什么?

　　我国煤炭资源丰富,但在开采过程中,地下水会与煤层和岩层接触,形成含有杂质和污染物的矿井水。如果这些矿井水未经处理就直接排放或渗漏,会导致地表水土流失、土壤盐碱化、植被枯萎等问题。此外,煤炭开采还会在煤层上方的岩层中形成裂缝,这些裂缝可能穿过地下水层,导致地下水流失,形成"下降漏斗",造成大量水资源浪费。

　　黄河流域是我国主要产煤区,煤炭产量占全国的70%。2022年,沿黄各省(自治区)煤炭产量35.9亿吨,按相关计算,矿井涌水量约为65亿立方米。

　　科学处理和利用矿井水,不仅可以减少污染、节约地下水资源,还能缓解矿区及周边地区的水资源短缺问题,既保护了环境,又为煤炭开发和下游产业发展提供了更多水资源支持。

地下水

隔水层

地下水

隔水层

矿井水

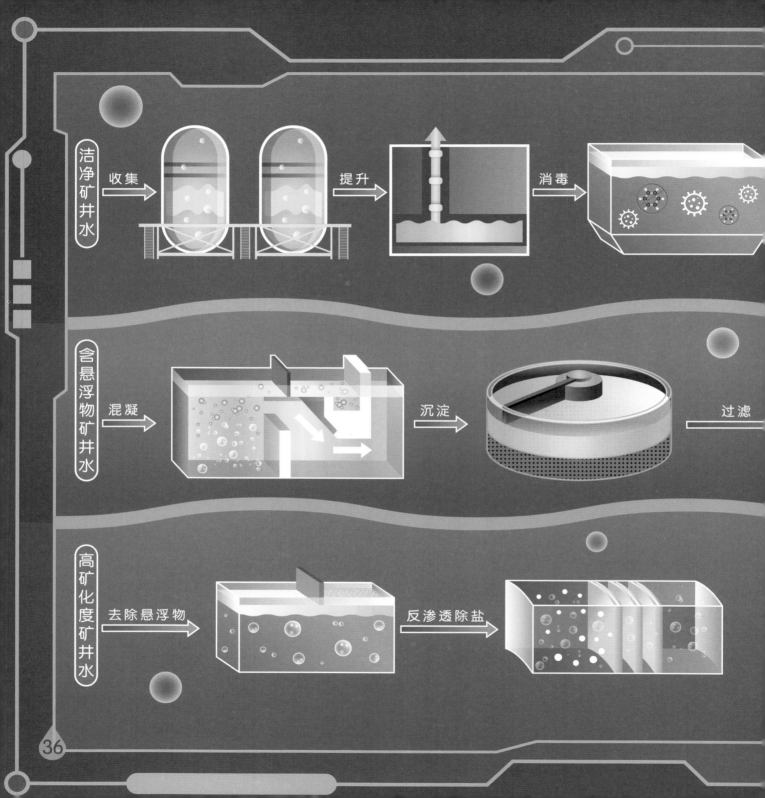

洁净矿井水 收集 提升 消毒

含悬浮物矿井水 混凝 沉淀 过滤

高矿化度矿井水 去除悬浮物 反渗透除盐

分类与处理方法

  根据水质特点，矿井水可分为5种类型，每种类型的处理方法各有不同：洁净矿井水通过收集、提升、消毒后可直接使用。含悬浮物矿井水需要经过混凝、沉淀、过滤和消毒等处理工艺去除悬浮物。高矿化度矿井水通过反渗透除盐等技术，在去除悬浮物的基础上进一步降低盐分浓度。酸性矿井水通过投加碱性药物中和反应，调整水的酸碱度以满足使用需求。含有毒、有害元素矿井水需专门去除有毒、有害元素，以达到安全使用的标准。

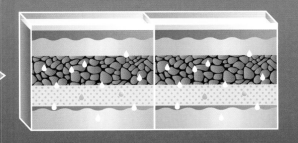

消毒

酸性矿井水

投加碱性药物
中和反应

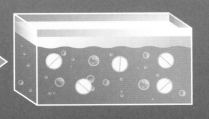

含有毒、有害元素矿井水
去除有毒、有害元素

如何利用矿井水？

矿井水其实可以变废为宝，经过处理后有多种用途，具体可以分为以下几类。

生活用水

北方资源型缺水地区：处理后的矿井水可以用来修复采煤沉陷区。

南方水质型缺水地区：处理达标后的矿井水可以补充到河流、湖泊或湿地，改善自然水体的水量和水质。

黄土沟壑矿区：处理后的矿井水可以输送到山顶，用于灌溉林木和草地。

黄河中下游矿区：处理后的矿井水可以用来修复沉陷区的人工湿地。

地下水超采地区：处理达标且水质符合要求的矿井水，可回补地下水或储存备用。

黄河流域严重缺水地区：处理后的矿井水用于牧区及其他生态用水，缓解当地水资源紧张问题。

通过科学开发和合理利用，矿井水正在从"问题水"转变为"资源水"。

园艺景观利用

湿地回补

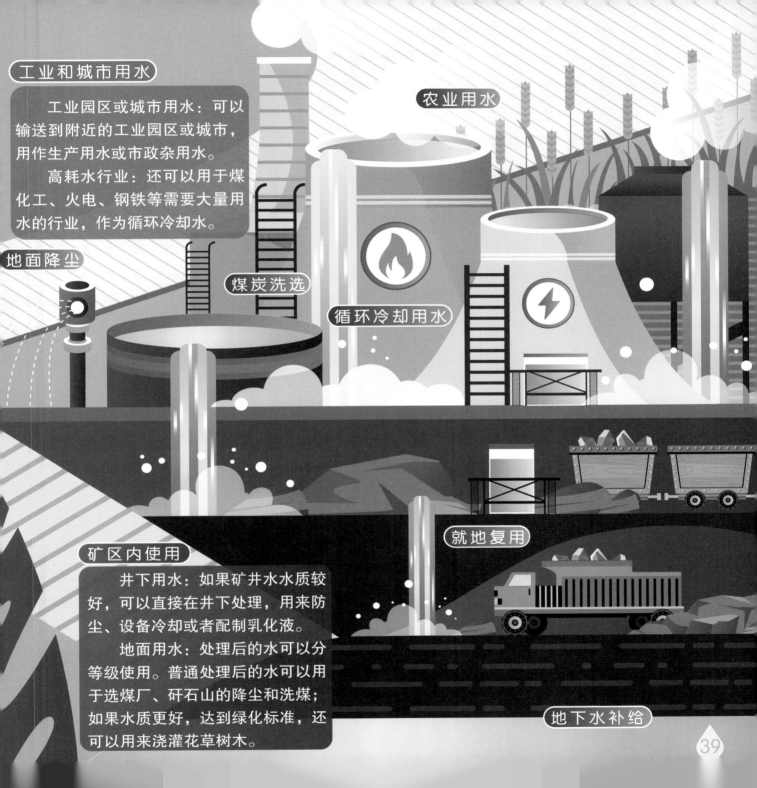

工业和城市用水

工业园区或城市用水：可以输送到附近的工业园区或城市，用作生产用水或市政杂用水。

高耗水行业：还可以用于煤化工、火电、钢铁等需要大量用水的行业，作为循环冷却水。

地面降尘

农业用水

煤炭洗选

循环冷却用水

矿区内使用

井下用水：如果矿井水水质较好，可以直接在井下处理，用来防尘、设备冷却或者配制乳化液。

地面用水：处理后的水可以分等级使用。普通处理后的水可以用于选煤厂、矸石山的降尘和洗煤；如果水质更好，达到绿化标准，还可以用来浇灌花草树木。

就地复用

地下水补给

（五）海水——淡化咸苦，盐重浓情

为什么要淡化海水?

　　沿海地区是我国经济最发达的地方,但这里的水资源消耗非常大,已经出现了地下水过度开采的问题。据统计,我国11个沿海省(自治区、直辖市)的52个城市中,有18个极度缺水,10个重度缺水,9个中度缺水,还有9个轻度缺水。也就是说,近90%的沿海城市都面临不同程度的缺水问题。通过将海水转化为淡水,可以有效缓解沿海地区的水资源压力,减少对地下水的依赖,为经济和社会的可持续发展提供强有力的支持。

地下水

海水的直接利用

即使不经过淡化处理，海水也能在很多地方直接使用，具体包括以下四方面。

（1）冷却用水：沿海的火电厂、核电站，以及石化、化工、钢铁等高耗水行业，可以直接用海水来冷却设备。

（2）工业用水：在工业园区里，海水可以用于脱硫、设备冲洗等环节。

（3）养殖和农业：在沿海滩涂和盐碱地，可以用海水进行水产养殖，甚至可以尝试用海水灌溉耐盐作物。

（4）城市公共服务：海水还可以用于消防、冲厕所等市政杂用水。

这样一来，海水不仅节省了淡水资源，还能在多个领域发挥重要作用。

冷却用水

海水灌溉农业

脱硫、冲洗用水

城市市政杂用水

海水增养殖业

43

海水淡化技术

　　截至2022年年底，我国共建成海水淡化工程150个，总处理规模超过每天236万吨。其中，万吨级及以上海水淡化工程50个，千吨级至万吨级工程52个，千吨级以下工程48个。目前海水淡化技术主要分为两大类。

　　热法：利用热能将海水蒸发，冷凝后形成淡水。常见工艺包括多级闪蒸和低温多效蒸馏。其中，低温多效蒸馏因为能耗较低，应用更广泛。在实际应用中，许多海水淡化厂与发电厂联建。发电厂用海水冷却设备，同时利用多余的热能淡化海水，这样能大大提高能源利用效率。

　　膜法：采用反渗透技术，通过高压泵将预处理后的海水压过多层反渗透膜，利用半透膜的过滤作用去除盐分和杂质，得到淡水。这种技术设备紧凑、效率高、适用范围广，已经成为目前海水淡化的主流技术。

　　简单来说，热法靠"加热蒸发"，膜法靠"高压过滤"，两种方法各有优势，都在为缓解水资源短缺问题贡献力量。

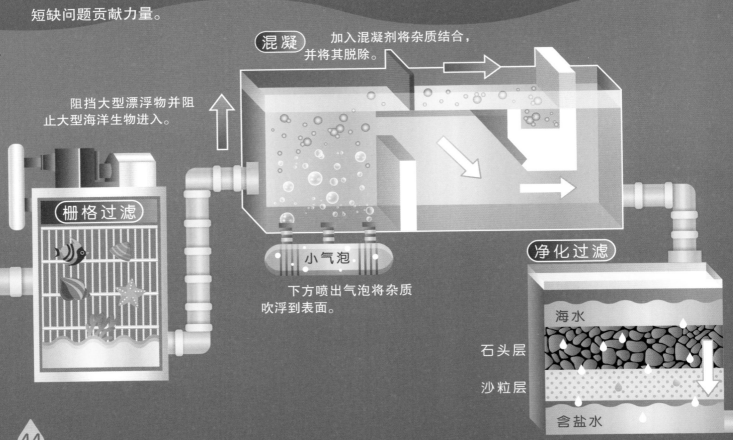

混凝　加入混凝剂将杂质结合，并将其脱除。

阻挡大型漂浮物并阻止大型海洋生物进入。

栅格过滤

小气泡

下方喷出气泡将杂质吹浮到表面。

净化过滤

海水

石头层

沙粒层

含盐水

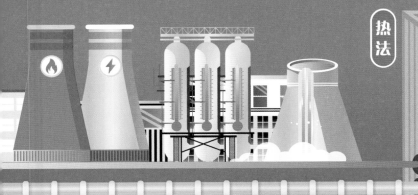

蒸馏

火力发电厂 利用海水冷却并产生热能。

蒸汽使海水蒸发，与盐和其他物质分离。
蒸汽进入冷却管道，淡水凝结成水珠。

反渗透过滤

半透膜

●盐

水

淡化水

高盐水

释放回海洋

添加矿物质达到
饮用水标准

膜法

淡化海水利用场景

　　淡化海水的主要用途分为工业用水和生活用水两大类。

　　工业用水：淡化后的海水主要用于我国沿海北部、东部和南部的高耗水行业，比如电力、石化、钢铁等。这些行业需要大量水资源，海水淡化为他们提供了稳定的水源。

　　生活用水：淡化水也用于一些海岛地区，以及天津、青岛等沿海城市，为当地居民提供日常生活用水。

生活用水

如今，非常规水资源的利用越来越广泛，它们在生活中发挥着越来越重要的作用，国家也在积极推动节水行动！

2019年4月，国家发布的《国家节水行动方案》明确提出，要加强再生水、海水、雨水、矿井水和苦咸水等非常规水资源的多元化、梯级化和安全利用。2023年6月，国家又发布了《关于加强非常规水源配置利用的指导意见》，强调要把非常规水源纳入水资源统一管理，通过加强配置管理、促进利用、提升能力建设和完善体制机制，进一步扩大非常规水源的使用范围和规模。这些措施将为缓解水资源供需矛盾、提升水安全保障能力提供强有力的支持。

简单来说，国家正在大力推动非常规水资源的利用，帮助我们更好地应对水资源短缺问题，保障用水安全！

适量使用沐浴液

洗浴用水冲厕

洗菜、淘米水

洗碗

拖地

50

节流

　　当前淡水资源越来越紧张，像雨水、再生水这些"第二水源"正成为重要的补充力量。但就像不能涸泽而渔一样，任何形式水源的开发利用，都必须以节水为根本出发点。节水不是一个人的事，需要家家户户都养成好的习惯，让节水意识成为社会新风尚，大家一起做"节水达人"！

选择节水型洗衣机

浇花

内 容 提 要

　　随着全球水资源短缺问题日益严峻，非常规水资源的开发与利用正成为破解危机的重要突破口。本书采用绘本这一生动形式，深入浅出地系统阐述了再生水、雨水、微咸水、矿井水及海水等多种非常规水资源的独特价值与广泛应用潜力。书中全面展示了这些"非常"之水在工业生产、农业生产、城市生活及生态保护等各个领域所发挥的关键作用，为缓解水资源供需矛盾提供了有力支持。

　　本书可供社会大众、水利水电相关人员及院校师生阅读参考。

图书在版编目（CIP）数据

非常规水资源的"非常力" / 刘来胜等著. -- 北京：
中国水利水电出版社，2025. 2. -- ISBN 978-7-5226
-3298-8

Ⅰ. TV213.9

中国国家版本馆CIP数据核字第2025DR5631号

责任编辑	王勤熙

书　　名	非常规水资源的"非常力" FEICHANGGUI SHUIZIYUAN DE "FEICHANGLI"
作　　者	刘来胜　劳天颖　宁珍　等著
出版发行	中国水利水电出版社 （北京市海淀区玉渊潭南路1号D座 100038） 网址：www.waterpub.com.cn E-mail:sales@mwr.gov.cn 电话：（010）68545888（营销中心）
经　　售	北京科水图书销售有限公司 电话：（010）68545874、63202643 全国各地新华书店和相关出版物销售网点
印　　刷	北京印匠彩色印刷有限公司
规　　格	210mm×220mm　20开本　2.6印张　120千字
版　　次	2025年2月第1版　2025年2月第1次印刷
定　　价	48.00元

凡购买我社图书，如有缺页、倒页、脱页的，本社营销中心负责调换